AF586534

CATALOGUE

D'ARBRES, ARBUSTES

ET PLANTES HERBACÉES

D'AMÉRIQUE.

CATALOGUE
D'ARBRES, ARBUSTES
ET PLANTES HERBACÉES D'AMERIQUE,

Par M. YONG, Botaniſte de Penſylvanie.

Ce Catalogue eſt diviſé en deux parties ; la premiere contient les Plantes que M. Yong peut fournir aux Européens, ſoit en graines, ſoit en plants.

La ſeconde contient celles qu'on ne pourra ſe procurer, qu'en les demandant dans d'autres Provinces.

A PARIS,
De l'Imprimerie de la V.e HÉRISSANT, Imprimeur du Cabinet du ROI, Maiſon & Bâtimens de SA MAJESTÉ.

M. DCC. LXXXIII.

AVERTISSEMENT.

LE GOUT pour la culture des arbres & arbriſſeaux exotiques fait tous les jours de nouveaux progrès. La plupart des Cultivateurs qui ſont aſſez heureux pour réuſſir dans les ſemis qu'ils font, au haſard, des graines de l'Amérique ſeptentrionale, placent les jeunes Elèves dans leurs jardins, ſans connoître le terrein qui convient particulièrement aux différentes eſpèces d'arbres, d'où réſulte la perte de la plus grande partie de ceux qu'ils plantent. Les ſemis réuſſiſſent difficilement lorſqu'on ne les fait pas dans le terrein qui eſt convenable aux différentes eſpèces de graines.

Quelques Amateurs ont engagé M. Yong, Botaniſte & Marchand de plants & graines en Penſilvanie, de faire un Catalogue des arbres, arbriſſeaux & plantes agréables dont il fait commerce, de la nature du terrein & de l'expoſition qui convient à chaque eſpèce.

C'eſt ce Catalogue qu'on met au jour pour la commodité & l'utilité des Cultivateurs, ils y trouveront le double avantage d'être guidés dans le choix des terreins convenables aux ſemis & aux plantations qui en réſulteront.

Ceux qui voudront faire des demandes à M. Yong, pourront s'adreſſer à M. Villemorin, Succeſſeur de M. Andrieux, Marchand Grenetier ſur le Quai de la Mégiſſerie, au Roi des Oiſeaux, qui eſt en correſpondance avec lui.

CATALOGUE

CATALOGUE
D'ARBRES, ARBUSTES
ET PLANTES HERBACÉES D'AMÉRIQUE.

ARBRES, ARBUSTES.

Acer rubrum.

CET ARBRE s'élève à la hauteur de 60 pieds; ſon bois ſert aux ouvrages de tour ; c'eſt un bon bois à brûler; il croît lentement, aime un ſol humide & argilleux : ſa sève fournit du ſucre ; ſes ſemences périſſent facilement, & il doit être envoyé en plant.

Acer negundo.

C'eſt un très - bel arbre ; ſon bois eſt très-beau, très-bon à employer dans la menuiſerie, & il aime les terreins frais.

Acer ſaccharinum.

Cet arbre parvient juſqu'à 80 pieds de hauteur, & à une groſſeur ſurprenante. Il aime un ſol riche & léger, ſon bois eſt bon à brûler, & fournit du ſucre; on m'a dit qu'un gros arbre peut donner juſqu'à 100 gallans de jus, qui, après avoir été bouillis, produisent environ 30 livres de sucre.

Acer ſylveſtre.

Cet arbre devient très-grand, & d'une groſſeur conſidérable ; il a depuis 60 juſqu'à 70 pieds de hauteur ; c'eſt un bon bois à brûler, il croît très-vîte dans un ſol humide & léger, ſa sève donne du ſucre ; ſes ſemences ne produiſent pas, ſi elles ont été trop long-temps hors de terre ; les plants en ſont rares, mais ils doivent avoir la préférence dans les envois.

Alnus pumila.

Cet arbuſte s'élève à 10 pieds dans un terrein riche & humide.

Andromeda calyculata.

Cet arbuſte s'élève à 2 pieds de haut, il a de très-belles fleurs, & il eſt *ſemper virens* ; il croît dans l'eau qui n'eſt pas courante, mais il vient dans les terres graſſes & argilleuſes ; s'il eſt tranſplanté, en le conſervant humide, il doit être envoyé en plant.

Andromeda lanceolata.

Cet arbuſte s'élève à 6 pieds de haut, ſes fleurs ſont belles ; il vient dans un terrein humide & argilleux.

Andromeda mariana.

Cet arbuſte a depuis un pied juſqu'à trois pieds de haut ; il a de très-belles fleurs, & il eſt en fleur la plus grande partie de l'été ; il vient dans un ſol léger & ſablonneux, il eſt très-long à venir de graine, & doit être envoyé en plant.

Andromeda Paniculata.

Cet arbuſte a depuis 2 juſqu'à 8 pieds de haut ; il

a de jolies fleurs, qui ſont placées en bouquet ſur le ſommet de cet arbuſte ; il eſt très-lent à venir de graine, & doit être envoyé en plant.

Annona foliis lanceolatis.

Cet arbre a 20 pieds de haut, ſon fruit eſt bon à manger ; ſon écorce eſt forte ; on en peut faire des cordes ; il croît dans un ſol riche & léger.

Aralia ſpinoſa.

Cet arbuſte croît juſqu'à 15 pieds de haut ; il fournit une gomme qui eſt fort utile dans la médecine ; il croît ſur toutes ſortes de ſols.

Azalea altiſſima.

Cet arbuſte a environ 8 pieds de haut, il a de belles fleurs, & fleurit en mai ; il vient dans un ſol humide & riche : il doit être envoyé en plant.

Azalea flore roſeo.

C'eſt un très-bel arbuſte à fleur ; il fleurit en mai, croît dans un ſol léger, a environ 4 pieds de hauteur, & doit être envoyé en plant.

Azalea nudiflora rubra.

C'eſt un petit arbuſte d'environ 8 pouces de haut ; ſes fleurs ſont élégantes, il fleurit en mai, aime un ſol léger & ſtérile ; il doit être envoyé en plant.

Azalea viſcoſa nudiflora.

C'eſt un petit arbuſte d'environ 6 pouces de haut ; il fleurit en mai, ſon odeur eſt agréable ; il croît dans un ſol léger & ſtérile, il doit être envoyé en plant.

Azalea viſcoſa.

Cet arbuſte a environ 5 pieds de haut ; ſes fleurs

ſont belles, d'une odeur agréable; il croît dans un ſol argilleux, & doit être envoyé en plant.

Betula dulcis, nova ſpecies.

C'eſt un très-bel arbre, qui devient très-grand & droit, & parvient à la hauteur de 60 pieds; il poſſede des grandes qualités médicinales, & croît dans toutes ſortes de ſols.

Betula lenta.

Cet arbre n'eſt pas très-gros, ſa hauteur ordinaire eſt de 40 pieds; il vient dans un ſol riche, ſablonneux & humide.

Bignonia catalpa major.

Cet arbre croît de 40 à 50 pieds de haut; les gouſſes qui renferment ſes graines ont ſouvent 12 pieds de long; ſon bois eſt tendre, & vient très-vîte dans un ſol ſablonneux.

Bignonia catalpa minor.

Cet arbre croît dans un ſol ſablonneux.

Bignonia crucigera.

C'eſt une liane qui s'élève en grimpant autour des arbres, juſqu'à la hauteur de 40 pieds; ſa fleur eſt très-belle & monopétale: cette liane croît dans toutes ſortes de ſols.

Bignonia ſemper virens.

Cette liane monte ſur les arbres juſqu'à 60 pieds de haut; elle a de belles fleurs, qui ſont monopétales, & croît dans toutes ſortes de ſols.

Carpinus lenta.

Cet arbuſte a 15 pieds de haut, ſon bois eſt dur; il croît dans un ſol humide & pierreux.

Carpinus Virginiana.

Cet arbre croît depuis 20 jusqu'à 30 pieds ; il est lent dans sa croissance, son bois est dur, & il profite dans un sol riche & humide.

Ceanothus Americana.

Cet arbrisseau croît à 2 pieds de haut ; on en fait un thé sain & agréable ; les Américains les plus sensés le préferent au thé de la chine.

Celastrus bullatus.

Il s'éleve de 15 à 20 pieds de haut. Il est d'un grand ornement parmi les arbustes, quand les cosses qui renferment ses semences mûrissent ; il croît dans toutes sortes de sols.

Celastrus scandens.

Cette liane s'élève sur les arbres à la hauteur de 40 pieds. Son fruit est médicinal & pare les jardins. Elle croît dans un sol riche & léger.

Cestis Occidentales.

Cet arbre s'élève de 30 à 60 pieds de haut ; il aime un sol léger ; son bois n'est d'aucune conséquence.

Cephalanthus Occidentales.

Cet arbuste a 8 pieds de haut ; il a de belles fleurs, & aime un sol riche & humide.

Cerasus Canadensis.

Cet arbre a jusqu'à 60 pieds de haut, & a 1 à 2 pieds de diametre. Il est beau & croît fort vîte dans toutes sortes de sols.

Cercis Canadensis.

Cet arbre a environ 20 pieds de haut; ses fleurs sont très-belles, & il vient dans un sol léger.

Cercis pumila nova species.

Les fleurs de cet arbuste sont d'un rouge foncé; il aime à croître parmi les rochers & les pierres.

Chionanthus Virginica.

Cet arbre, ou plutôt cet arbuste, croît de 10 à 20 pieds de haut. Quand il est en fleurs, il est très-beau; il prospère dans un sol riche & humide, mais si ses racines sont bonnes, il vient bien dans toutes sortes de sols.

Clethra alnifolia.

Cet arbuste a environ 5 à 6 pieds de haut; ses fleurs sont d'une odeur agréable. Il croît dans un sol léger, & réussit dans tous les terreins où il est transplanté.

Clethra flore rubro.

C'est un arbuste assez rare; il a environ 3 pieds de haut, croît dans un sol léger, ses fleurs sont couleur de pourpre.

Cornus cartice rubro.

Cet arbuste a depuis 5 jusqu'à 8 pieds de haut. Il mérite d'être cultivé à cause de l'usage qu'on en peut faire, pour en tresser de forts paniers. Il croît dans un sol humide, riche & léger, & lorsqu'il est destiné pour cet usage, on doit le couper jusqu'à terre chaque année.

Cornus Floridanus.

Cet arbre est un ornement des jardins, quand il

eſt en fleurs ; il s'élève de 20 à 30 pieds. J'ai guéri des fièvres intermittentes avec ſon écorce. Il croît ſur tous les ſols.

Corylus cornuta.

Cet arbuſte a 5 pieds de haut ; ſes noix ſont bonnes à manger ; il croît dans un terrein pierreux.

Cratægus glauca, nova ſpecies.

C'eſt un arbuſte d'environ 8 pieds de haut ; ſes épines ſont longues & épaiſſes, & il croît ſur toutes ſortes de ſols.

Cratægus nudo flore.

Cet arbriſſeau a trois pieds de haut ; il vient dans un ſol pierreux, & il eſt très-beau.

Cratœgus prunifolia, nova ſpecies.

Cet arbuſte a 15 pieds de haut, il eſt épineux, a de jolies fleurs, & croît ſur toutes ſortes de ſols.

Cratagus Virginica major.

Cet arbre a 20 à 25 pieds de haut ; ſon fruit eſt bon à manger, & de la groſſeur d'une ceriſe : il lui faut un ſol riche & léger.

Cratægus vulgaris.

Cet arbre a 20 pieds de haut ; il eſt plein d'épines, & croît ſur toutes ſortes de ſols.

Cupreſſus thyoides.

C'eſt un bel arbre toujours verd ; il a 60 pieds de haut. Il vient vîte & haut dans un ſol marécageux, ſur un fond de ſable, & lorſqu'il eſt tranſplanté jeune, il croît ſur toutes ſortes de terreins.

Diospiros dulcis.

Cet arbre croît à la hauteur de 30 pieds; son fruit est le meilleur de toutes les espèces; il croît dans un sol léger.

Diospyros Virginica.

Cet arbre parvient à 50 pieds de hauteur; ses fruits sont doux & d'un goût agréable dans leur mâturité, qui est en Décembre & Janvier, ils sont de la grosseur d'une petite pêche; on en fait de l'eau-de-vie.

Dirca palustris.

Cet arbuste a environ 3 pieds de haut: son bois est compact; les Botanistes le regardent comme un arbrisseau curieux; il fleurit en Avril.

Evonymus Americana.

C'est un très-bel arbrisseau de 6 à 8 pieds de haut; toujours verd, pour peu qu'il soit garanti du froid: ses semences, quand elles sont mûres, font un très-brillant effet; il aime un sol riche & léger, & peut être envoyé en plant.

Fagus Americana.

Cet arbre est très-grand, & il a jusqu'à 60 pieds de haut; il est bon à brûler.

Fagus dulcis.

Cet arbre devient très-haut, & croît vite à la hauteur de 60 pieds; ses graines sont d'une odeur agréable; il croît dans un sol stérile.

Fagus pumila ou *chinquapin.*

Cet arbuste a depuis 4 jusqu'à 15 pieds de haut; il porte un fruit très-agréable en forme de gland; il est curieux & croît dans un terroir stérile.

Fraxinus juglandi-folia alba.

C'eſt un bel arbre ; il croît dans un ſol léger , à environ 50 pieds de haut.

Fraxinus juglandi-folia nigra.

Cet arbre devient grand, & s'élève à la hauteur de 80 pieds ſur un ſol riche & humide ; ſon bois eſt bon pour le charronnage & pour brûler.

Gualtheria procumbens.

C'eſt un très-bel arbriſſeau, qui n'a guere que 2 ou 3 pouces de haut ; il eſt *ſemper virens :* on fait de ſes feuilles un thé agréable & ſain ; il croît dans un ſol léger , & il faut l'envoyer en plant , plutôt qu'en graine.

Gleditſchia triacanthos.

Cet arbre croît de 40 à 60 pieds de haut ; ſon écorce eſt médicinale ; ſon bois eſt bon pour faire des chevilles employées dans la bâtiſſe des vaiſſeaux , parce qu'il eſt très-dur & durable ; il croît dans un ſol ſablonneux & léger.

Hamamelis latifolia.

Cet arbre s'élève de 8 à 10 pieds ; c'eſt l'unique eſpèce de ce genre connue dans la Botanique ; il aime un ſol léger & pierreux.

Hedera quinquefolia.

Cette vigne-vierge grimpe ſur les arbuſtes à la hauteur de 10 pieds, & rampe ſur la terre à quelque diſtance ; elle eſt très-belle pour tapiſſer les murs, &c.

Hypericum canaliculatis foliis.

C'eſt un très-bel arbuſte à fleurs ; il croît de 2 à 4

pieds de haut, & fleurit en Août; il est très-difficile de le propager de semence.

Itea Virginica.

Cet arbuste acquiert environ 6 pieds de haut dans un sol riche & humide.

Juglans alba aquatica.

Cet arbre devient très-grand, & s'élève à 70 pieds de haut; son bois est dur, compact & bon à brûler; il croît dans un sol humide & léger.

Juglans alba cortice hirsuto.

Cet arbre est haut & droit, il a jusqu'à 70 pieds; son bois est dur & compact, ses noix sont les meilleures qu'il y ait en Amérique. Leurs coquilles ne sont point dures; elles ont un goût d'amande, leur odeur est agréable; il vient dans un sol riche & humide.

Juglans alba dulcis.

Cet arbre croît à 60 pieds de haut; ses noix sont douces & bonnes à manger, leurs coquilles sont dures, le bois est dur aussi & compact, & bon à brûler; il croît dans un terrein riche & léger.

Juglans alba foliis ovatis.

Cet arbre croît de 30 à 50 pieds de haut; son bois est dur & compact; il vient bien dans un sol riche & léger; c'est un bon bois à brûler.

Juglans alba fructu cordato.

Ce noyer n'est pas si gros que les autres espèces; son bois est cassant, ses noix sont tendres & ameres; il donne un bon bois à brûler, & croît dans un sol riche & humide.

Juglans alba fructu pinnato.

Cet arbre eſt grand, & croît à 70 pieds de haut; ſon bois eſt dur & compact, & propre à tous les ouvrages qui exigent ces ſortes de qualités. Mais il ne doit pas être expoſé à l'air, car l'humidité le pourrit bientôt; c'eſt un excellent bois à brûler; il croît dans un ſol riche, humide & léger, mais lentement; ſes noix ſont bonnes à manger, & leurs coquilles ſont dures.

Juglans alba major.

Cet arbre eſt grand & fort, ſa hauteur eſt d'environ 60 pieds; ſon bois eſt dur & d'un grand ſervice pour les charpentes des moulins, c'eſt le meilleur bois à brûler qu'il y ait dans le monde; il croît lentement, & il aime un ſol riche & léger.

Juglans alba non-ſana.

Cet arbre s'élève à environ 40 pieds de hauteur; ſon bois eſt dur, compact & très-bon à brûler; il aime un ſol riche & léger; il croît lentement, ſes noix ſont pernicieuſes.

Juglans alba ſerratifolia.

Cet arbre croît à environ 60 pieds de haut, ſon bois eſt dur & compact; il aime un ſol riche & léger, & croît lentement.

Juglans foliis cordatis.

Cet arbre croît de 40 à 50 pieds de haut. Il eſt très-beau, ſes noix ſont bonnes à manger, donnent beaucoup d'huile : il vient très-promptement dans un ſol riche & léger.

Juglans nigra major.

Cet arbre acquiert juſqu'à 60 pieds de haut, & 2

ou 3 de diametre. Il eſt très-beau, & croît très-vîte dans un ſol humide & riche ; les coquilles de ſes noix donnent une teinture d'une très-belle couleur brune.

Juglans nigra major.

Cet arbre s'élève à 60 pieds & plus, & il a un p[illegible] [illegible]amètre ; ſes noix ſont bonnes à manger, [illegible]t beaucoup d'huile, ſon bois fait de très-[illegible]ables ; il croît très-promptement dans un [illegible] humide.

Juniperus Phænicoa.

C'eſt un bel arbre d'environ 20 pieds de haut ; il croît dans un ſol léger.

Juniperus Virginiana.

Cet arbre croît très-vîte juſqu'à 50 pieds de haut ; dans un ſol riche & léger ; mais, dans un terrein ſtérile & ſablonneux, il ne parvient qu'à 20 ou 30 pieds de haut, & cependant le ſable eſt ſon terrein ordinaire ; ſon bois eſt étonnemment durable : j'en ai vu employé en clôture, qui ſubſiſtoit depuis 80 ans dans la terre, & qui, ſelon toute apparence, étoit encore très-bon.

Kalmia anguſtifolia.

C'eſt un très-bel arbuſte à fleurs ; il a environ un pied de haut, croît dans un ſol ſablonneux & humide, vient difficilement de ſemence, & doit être envoyé en plant.

Kalmia glauca.

C'eſt un très-bel arbuſte à fleurs ; il a environ un pied de haut ; il aime un ſol riche & léger, il eſt long à croître de graine, & il doit être envoyé en plant.

Kalmia latifolia.

Cet arbuſte eſt très-beau; il eſt toujours vert; il fleurit en Juin, & ſes fleurs ſont charmantes, ſes feuilles ſont d'une qualité pernicieuſe; il croît depuis 2 juſqu'à 15 pieds, mais il eſt difficile de le faire venir de ſemence. J'ai vu des plants, en Angleterre, dans la pépiniere de M. Gordon, qu'il me dit avoir ſemé il y avoit quinze ans, & qui n'avoit encore que quatre pouces de hauteur, & par conſéquent ils doivent être envoyés par plant : il croît ſur un ſol léger.

Kalmia tenuifolia.

C'eſt un très-bel arbuſte toujours vert; il a environ un pied de haut, ſes fleurs ſont délicieuſes; il croît dans un ſol ſablonneux, il aime l'humidité, & il eſt bon de l'envoyer en plant.

Laurus æſtivatis.

Cet arbuſte croît d'environ 6 pieds de haut dans un ſol riche & humide; il fleurit en Avril; ſes ſemences périſſent quand on les garde, & il doit être envoyé en plant.

Laurus ſaſſafras.

Cet arbre eſt bien connu par ſes qualités médicinales; il s'élève de 20 à 25 pieds de haut dans un ſol riche & léger; mais ſes ſemences, en général, ne ſe conſervent point, & il faut l'envoyer en plant.

Liriodendron tulipifera.

C'eſt le plus grand arbre d'Amérique & de tout le monde; il acquiert juſqu'à 80 pieds de hauteur; il eſt d'une groſſeur étonnante, croît très-promptement ſur toutes ſortes de ſols; ſon bois eſt d'un grand ſervice dans les bâtimens; il lui faut un ſol léger, riche & humide, & il eſt communément mâle.

Liquidambar aſpleni folia.

C'eſt un bel arbriſſeau qui s'élève à environ 3 pieds; ſes fleurs ont une odeur très-agréable; il croît dans un terrein léger & ſablonneux, & doit être envoyé en plant.

Liquidambar ſtyraciflua.

Cet arbre s'élève juſqu'à 60 à 80 pieds de hauteur; il fournit une gomme médicinale, & ne croît pas très-promptement; ſon bois fait de très-bons ouvrages d'ébéniſtrerie; il croît dans un ſol humide & argilleux.

Liquidambar ſtyraciflua ligno rubro; nova ſpecies.

C'eſt un grand arbre qui s'élève juſqu'à 70 pieds de haut, & qui a environ deux pieds de diametre; ſon bois eſt très-beau & varié de veines rouges, on en fait des meubles délicieux; il croît dans un ſol léger.

Lonicera marylandica.

Cet arbuſte a environ 6 pieds de haut, fleurit en Mai, & vient ſur toutes ſortes de ſols.

Lonicera Virginica.

Cet arbriſſeau s'élève à 15 pieds de hauteur, & ſouvent il eſt ſoutenu par les arbuſtes voiſins; il croît dans un ſol ſablonneux.

Magnolia glauca.

Cet arbre croît de 10 à 20 pieds de haut, ſes fleurs ſont les plus odoriférantes de tous les Magnolia;

il est employé dans la médecine ; il croît dans un sol riche & humide ; cependant je l'ai vu venir très-heureusement, en Angleterre, sur un sol de terre grasse & argilleuse : il faut l'envoyer en plant.

Malus Virginica.

Cet arbre parvient à environ 3 pieds de haut ; ses fleurs sont les plus belles, & de l'odeur la plus agréable de toutes, parmi toutes les espèces ; son fruit est dur & aigre, & il vient bien sur toutes sortes de sols.

Mespilus arborea.

Cet arbre a 30 pieds de haut ; ses fruits sont excellents à manger, son bois est tendre ; il croît dans un sol riche & argilleux.

Mespilus, nova species.

Cet arbuste croît de 2 à 8 pieds de haut ; il a de belles fleurs pourpres ; il croît dans un sol riche & humide.

Mespilus serratifolius.

Cet arbrisseau a environ 6 pieds de haut ; ses fleurs sont belles ; il croît dans un sol humide & riche.

Morus Virginica rubra.

Cet arbre s'élève a environ 40 pieds de haut, son fruit est gros, & il croît dans un sol riche.

Myrica foliis lanceolatis.

Il est *semper virens* & très-beau ; il s'élève à 4 pieds de haut, croît dans un sol stérile & sablonneux ; on fait une espèce de cire de son fruit.

Nyssa aquatica.

C'est un très-grand arbre qui s'élève jusqu'à 70 pieds

de haut, ſon bois eſt d'une grande utilité à cauſe de ſa dureté ; il vient ſur un ſol humide & argilleux.

Nyſſa montana.

Cet arbre a environ 50 pieds de haut ; ſon bois eſt compacte ; il croît dans un ſol léger.

Paſſiflora Virginica.

Cette liane monte ſur les arbres juſqu'à 20 pieds de haut ; ſes fleurs ſont petites : elle croît dans un ſol riche & léger.

Pinus foliis geminis brevioribus.

Cet arbre monte fort haut & fort vîte dans un ſol ſablonneux ; il a environ 70 pieds de hauteur.

Pinus foliis geminis cono ſquammoſo.

Cet arbre a environ 50 pieds de haut ; il eſt beau & croît dans un ſol ſablonneux.

Pinus foliis longioribus tenuioribus ternis.

Cet arbre croît haut & vîte dans un ſol ſablonneux, ſouvent à la hauteur de 80 pieds & de 2 à 3 de diamètre ; il eſt fort utile dans les bâtiments.

Pinus foliis ſcabris.

C'eſt un très-grand arbre ; il parvient juſqu'à 100 pieds de hauteur, on en fait de bons mâts ; il croît très-vîte, & n'a beſoin que d'un ſol léger.

Pinus foliis ternis.

Cet arbre n'eſt pas fort gros ; il a 30 & 40 pieds de haut, & il aime un ſol ſablonneux.

Pinus foliis ternis,

Pinus foliis ternis, conis longioribus ſquammoſis.

Cet arbre vient très-grand & très-vîte dans un ſol ſablonneux ; il a plus de 80 pieds de haut, ſon bois eſt utile pour les bâtimens & les mâtures.

Pinus foliis ternis, conis longioribus ſquammoſis, minor.

Cet arbre croît de la hauteur de 60 pieds, mais il eſt en général mince ; il croît plus vîte dans un ſol ſablonneux que dans un autre terrein.

Pinus Frankincea.

Cet arbre n'eſt pas fort gros, il a de 40 à 50 pieds de haut, c'eſt un bon bois de charpente ; il vient très-vîte dans un ſol ſablonneux.

Pinus heterophylla.

Cet arbre n'eſt pas auſſi gros que beaucoup d'autres eſpèces ; il s'élève à la hauteur de 50 pieds & n'en a pas plus d'un de diametre ; il croît ſur un ſol ſablonneux.

Pinus heterophylla, minor.

Cet arbre eſt fort beau, a 30 pieds de haut, aime un ſol ſablonneux.

Pinus tæda.

C'eſt un très-gros arbre, il s'élève juſqu'à 80 pieds de haut, donne un beau bois débité en planches ou pour des mâts ; il croît ſur toutes ſortes de ſols.

Pinus tenuifolia.

Cet arbre devient très-gros, parvient à environ 80 pieds de haut, croît très-vîte & dans un ſol ſablonneux.

Pinus Virginiana, prælongis foliis tenuioribus.

Cet arbre n'eſt pas fort grand, il n'a guere que 30 ou 40 pieds de haut, mais c'eſt un arbre d'une très-belle apparence ; il aime un ſol ſablonneux.

Platanus occidentalis.

Cet arbre a juſqu'à 60 & 70 pieds de hauteur & une prodigieuſe groſſeur ; il doit être recommandé dans tous les pays où le bois à brûler eſt rare, parce qu'il croît très-vîte, il eſt aiſé à couper & donne un très-bon bois à brûler.

Prinos glaber.

C'eſt un très-bel arbuſte, toujours verd, qui s'élève de 2 à 6 pieds de haut ; il croît dans un ſol riche, humide & ſablonneux.

Prinos verticillatus.

C'eſt un très-bel arbuſte, à cauſe de ſes bayes dont il eſt paré, & qui durent une grande partie de l'hiver ; il croît de 4 à 10 pieds de haut ; il aime un ſol riche & humide.

Prunus Americana.

Cet arbre s'élève à environ 20 pieds de hauteur, ſon fruit eſt jaune & aſſez bon ; il croît dans toutes ſortes de terreins, mais ſon terrein natif eſt riche & humide.

Quercus alba, major.

C'eſt un arbre de 70 pieds de haut ; ſon bois eſt de grand ſervice & durable ; il lui faut un terrein argilleux.

Quercus alba, minor.

Cet arbre a environ 30 à 40 pieds de haut, & ſon bois eſt compact; il croît dans un ſol humide & argilleux.

Quercus eſculus.

Cet arbre eſt haut d'environ 60 pieds, en a trois de diametre; ſon bois eſt bon pour la charpente & beaucoup d'autres uſages, & eſt très-bon à bruler; il vient très-vîte dans un ſol ſablonneux.

Quercus eſculus alba.

C'eſt un grand arbre de 70 pieds de haut; il vient dans un ſol argilleux, & il eſt bon pour la charpente.

Quercus eſculus alba, minor.

Cet arbuſte a de 3 à 5 pieds de haut, & croît dans un ſol ſablonneux.

Quercus eſculus nigra, minor.

Cet arbuſte croît à environ 6 pieds de haut dans un ſol ſablonneux.

Quercus major.

Cet arbre eſt le plus grand chêne connu; il a juſqu'à 70 pieds de haut; c'eſt un bon bois pour les conſtructions & pour brûler; il aime un ſol riche & léger.

Quercus nigra, major.

Cet arbre a 70 pieds de haut; c'eſt un bon bois de conſtruction; il croît dans un ſol riche & léger.

Quercus nigra, minor.

Cet arbre a environ 50 pieds de haut; c'eſt un bois bon à brûler; il croît dans un ſol léger.

Quercus pumila.

Cet arbuste a depuis 1 pied jusqu'à 5 de haut; il est si chargé de glands, que souvent les branches courbent jusqu'à terre sous leurs poids; il croît sur un sol stérile. On trouve souvent en Amérique des centaines d'acres de terrein qui sont couverts de cet arbrisseau, & qui fournissent de la nourriture & un abri à un grand nombre de quadrupèdes.

Quercus rubra, major.

Cet arbre s'élève jusqu'à 70 pieds; il est bon pour la construction des bâtimens, & croît dans un sol riche & léger; son écorce est employée avec succès pour les fièvres intermittentes.

Quercus rubra, minor.

Arbre de 60 pieds de haut, qui sert à beaucoup d'usages & croît dans un sol humide & argilleux.

Quercus salicifolia.

Cet arbre a 60 pieds de haut; il est très-beau & vient bien dans un sol humide & argilleux.

Rhododendron maximum.

Cet arbuste est très-beau; il est toujours verd, ses fleurs sont superbes; il a jusqu'à 15 pieds de haut; il est trop lent à croître de semence & doit être envoyé en plant.

Rhus copallinum.

Cet arbrisseau croît à huit pieds de haut, dans un terrein sablonneux; ses fruits sont aigres & même corrosifs.

Rhus foliis pinnatis integerrimis, linnæi.

Cet arbre croît de 10 à 15 pieds de haut & sur toutes sortes de sols.

Rhus pumilum.

Cet arbuſte a environ 2 pieds de haut ; il eſt très-beau & croît dans un ſol léger.

Rhus ſerratifolium.

Cet arbuſte a environ 10 pieds de haut ; on s'en ſert pour teindre en noir ; il croît dans un ſol riche & léger, une infuſion de ſes ſemences guérit un mal de gorge opiniâtre.

Rhus vernix.

Cet arbuſte a depuis 5 juſqu'à 15 pieds de haut ; il eſt vénéneux ; il lui faut ordinairement un terrein riche & humide, mais ſi ſes racines ſont fortes, il profite dans toutes ſortes de ſols.

Robinia hiſpida.

Cet arbre ne devient pas très-grand ; il n'a guere plus de 6 à 15 pieds de haut ; ſes fleurs ſont très-belles ; il aime un ſol léger.

Robinia pſeudacacia.

Cet arbre a 40 à 50 pieds de haut ; il a de belles fleurs, ſon bois eſt d'un grand ſervice pour faire des chevilles pour les vaiſſeaux, parce qu'il eſt très-dur & durable ; il croît dans un ſol léger.

Roſa corymboſa.

Il donne de très-belles roſes ; ſes fleurs ont une odeur très-agréable, croiſſent ſur le ſommet de l'arbriſſeau ; elles ſont d'un beau rouge ; elles durent tout l'hiver & ont la plus belle apparence ; il vient dans un terrein humide.

Rosa foliis dulcibus.

Ce rosier s'élève à 10 pieds de haut ; ses feuilles sont douces ; il vient dans un sol léger.

Rosa pensylvanica.

Ce rosier a jusqu'à deux pieds de haut ; il est très-beau & en fleur pendant 3 mois de suite ; ses semences végétent rarement, & il doit être envoyé en plant.

Rubus procumbens.

Cette ronce a environ 10 pieds de hauteur, & très-souvent elle rampe sur la terre ; son fruit est le meilleur de toutes les espèces connues ; elle aime un sol argilleux.

Rubus stricto flore, corymboso.

Il a environ 10 pieds de haut ; son fruit est fort gros & bon, & il croît dans un sol riche.

Sambucus Americana.

Cet arbuste s'élève à 12 pieds de hauteur ; son écorce & ses fleurs sont employées en médecine ; il vient bien dans un sol humide & riche.

Salix pensylvanica.

Cet arbuste a environ 2 pieds de haut ; il est fort joli, vient sur un terrein argilleux & doit être envoyé en plant.

Sapin. V. Spruce.

Smilax lanceolatis foliis, nova species.

C'est une très-belle espèce de smilax nouvellement découverte ; il a 60 pieds de haut, monte sur les arbres, & vient dans un terrein riche & humide.

Smilax latifolia.

C'eſt une liane épineuſe qui grimpe autour des arbres à la hauteur de 20 pieds; ſes racines ſont employées dans la médecine; elle croît dans un ſol riche & humide.

Spiræa corymboſa.

C'eſt un arbuſte qui a juſqu'à 10 pieds de haut, qui a de belles fleurs & qui aime un ſol riche & humide.

Spruce balſamea, Abies.

Cet arbre a juſqu'à 60 pieds de haut & environ 2 pieds de diametre; il eſt beau, toujours verd, croît dans un ſol léger & parmi des roches.

Spruce noir de terre neuve.

Nota. Si on demande cet arbre, il faudra le demander ſous le nom de *Black New foundlond ſpruce.*

Cet arbre eſt très-beau & s'élève à 60 pieds de haut; Il ſert à faire de la bière, & on en fait des mâts pour de petits bâtimens; il croît dans un ſol léger & humide.

Spruce rouge de terre neuve.

Nota. Si on demande cet arbre, il faudra le demander ſous le nom de *Rednew found-lond ſpruce.*

Cet arbre eſt très-beau, croît à 60 pieds de haut; on fait de la bière très-ſaine de ſon écorce, & on fait des mâts de cet arbre pour les petits vaiſſeaux; il croît dans un ſol humide & léger.

Staphylæa ſerratifolia.

Cet arbuſte croît à environ 8 pieds de haut ſur toutes ſortes de ſols.

Tilia Americana.

Cet arbre croît très-vîte & d'une grande proportion dans un ſol léger & humide; il s'élève de 60 à 70 pieds; ſon bois n'eſt point dur.

Taxus procumbens.

C'eſt un très-bel arbuſte, *ſemper virens*; il a depuis 3 juſqu'à 5 pieds de hauteur dans un ſol pierreux.

Toxicodendron fraxini-folium.

Cet arbuſte s'élève autour des arbres & des arbuſtes à la hauteur de 6 à 10 pieds; il eſt vénéneux, mais il eſt d'un très-grand ſervice pour la teinture en noir.

Ulmus Americana.

C'eſt un-très grand arbre qui a 60 pieds de haut; il aime un ſol humide & léger.

Vaccinium album, acidum.

Cet arbuſte croît à environ la hauteur de 8 pieds; il eſt très-beau, ſes fruits & ſes feuilles ſont étonnamment aigres, mais lorſque le fruit devient mûr, il eſt bon à manger; cet arbuſte croît dans un terrein graveleux & humide, & doit être envoyé en plant.

Vaccinium corymboſum.

Cet arbuſte a rarement plus d'un pied de haut; il eſt très-beau; ſes fruits ſont bons à manger, mais en petit nombre; il croît dans un terrein léger & graveleux, & doit être envoyé en plant.

Vaccinium glaucum, nova ſpecies.

Cet arbuſte a depuis 2 juſqu'à 5 pieds de haut; ſes fruits peuvent ſe manger, ſans être d'un goût agréable; ſes fleurs ſont jolies & viennent en grand nombre; il croît dans un ſol ſablonneux & graveleux; il peut être envoyé en plant.

Vaccinium globulariæ folio, nova ſpecies.

C'eſt un très-bel arbuſte dans un terrein graveleux; il s'élève à environ 3 pieds.

Vaccinium mucronatum.

Cet arbuſte acquiert 2 pieds de haut; ſes fruits ſont bons à manger; il vient dans un terrein ſtérile.

Vaccinium multiflorum.

C'eſt un très-bel arbuſte à fleurs; il croît de deux à 4 pieds de haut dans un ſol graveleux, & doit être envoyé en plant.

Vaccinium, nova ſpecies.

C'eſt un fort bel arbriſſeau à fleurs; il a depuis 2 juſqu'à 5 pieds de haut.

Vaccinium ovale, nova ſpecies.

Cet arbuſte a de très-belles fleurs; il a depuis 2 juſqu'à 5 pieds de haut, dans un terrein graveleux; il faut l'envoyer en plant.

Vaccinium oxycocus.

Cet arbriſſeau a environ 2 à 3 pieds de hauteur; elle rampe ſur la terre, ſes fruits ſont aigres, & on s'en ſert pour faire du tartre; elle croît dans un ſol humide & ſablonneux, ſujet à être inondé une partie de l'année; on doit l'envoyer en plant.

Vaccinium ſtrictum, rubrum.

Cet arbuſte a environ 2 pieds de haut; il aime un ſol ſtérile & doit être envoyé en plant.

Vaccinium rubrum, acidum.

Cet arbuſte a environ 4 pieds de haut; ſes fleurs ſont jolies & aigres ainſi que ſes feuilles & bonnes à manger; il croît dans un ſol humide & argilleux, & doit être envoyé en plant.

Viburnum acuminatum.

Cet arbuſte a 8 pieds de haut; ſes fleurs ſont belles, ſon bois compact & il croît dans un ſol ſablonneux.

Viburnum aquaticum.

Cet arbre a 4 pieds de haut; ſon bois eſt compact; il croît dans un ſol humide.

Viburnum glabrum, majus.

Cet arbuſte a de très-belles fleurs; il s'élève de 4 à 8 pieds de haut.

Viburnum glabrum, minus.

Cet arbuſte a environ 4 pieds de haut; il a de jolies fleurs & vient dans un terrein pierreux.

Viburnum prunifolium.

Cet arbuſte porte de très-belles fleurs; il s'élève depuis 8 juſqu'à 20 pieds; c'eſt le meilleur arbuſte que je connoiſſe pour des hayes; il croît ſur toutes ſortes de ſols; on mange ſes bayes.

Vitis Americana, dulcis.

Elle donne le raiſin le plus agréable de tous ceux qui ſont natifs d'Amérique; ſes graines ſont petites, mais je pense qu'on pourroit cultiver cette espèce de vigne dans ce pays-ci ; elle croît sur toutes sortes de sols.

Vitis procumbens.

Cette vigne n'est pas très-haute, & souvent rampe sur la terre & grimpe sur de petits arbustes ; son fruit est aigre & n'a pas un goût très-agréable ; elle croît sur un sol stérile.

Vitis Virginica.

C'est, dans mon opinion, le meilleur de tous les raisins Américains ; il peut être cultivé avec beaucoup d'avantage en Amérique pour en faire du vin ; il croît dans toutes sortes de sols.

Vitis vulpina.

C'est une vigne qui produit des raisins ; elle monte autour des arbres à une grande hauteur ; elle aime un sol riche & humide.

Vitis vulpina, alba.

C'est une des espèces de la vigne précédente ; son fruit est bien & beaucoup plus doux ; la vigne ne devient pas aussi forte ; elle aime un sol riche & humide.

Zanthoxylon, clava herculis.

Cet arbuste a 15 pieds de haut ; il croît sur toutes sortes de sols ; ses racines sont médicinales ; il doit être envoyé en plant.

PLANTES HERBACÉES.

Actea racemosa.

Elle a 6 pieds de haut, est très-jolie quand elle est en fleurs, aime un sol riche & léger & de l'ombre.

Adiantum pedatum.

C'est une très-belle plante; elle a environ 1 pied de haut, croît dans un sol riche & léger & à l'ombre; & doit être envoyée en plant.

Agrimonia major.

Elle a environ 2 pieds de haut, & croît dans un sol léger.

Agrimonia rustica.

Elle a environ 3 pieds de haut, & croît dans un sol riche & léger.

Agrimonia trifoliata, nova species.

Elle a environ 3 pieds de haut; elle aime un sol riche & léger & l'ombre; elle est médicinale.

Agrimonia vulgaris.

Elle a environ un pied de haut, est médicinale & croît dans toutes sortes de sols.

Allium latifolium, nova species.

Elle a environ 5 pouces de haut; c'est une forte plante bulbeuse, ses feuilles sont grandes; elle croît dans un sol riche & sablonneux, & doit être envoyé en plant.

Anemone thalictroides.

Cette jolie plante à fleurs croît à environ 4 pouces, fleurit en Avril, aime un sol riche & léger & l'ombre. On m'a appris que les racines de cette plante guérissent les morsures de serpent; il y a une variété de cette espèce avec des fleurs doubles, qui est très-belle.

Angelica alba, nova species.

Cette plante très-élégante a six pieds de haut, & aime un sol léger & riche.

Angelica Americana, major, nova species.

Elle a 5 pieds de haut, est fort belle, fleurit en Juillet, aime un sol léger & stérile; elle est médicinale.

Angelica Americana, minor, nova species.

Elle a deux pieds de haut, est jolie, fleurit en Mai & Juin, aime un sol léger & l'ombre.

Angelica aquatica.

Elle a environ 6 pieds de haut, fleurit en Juin & Juillet, est médicinale, croît dans un sol riche & humide.

Angelica pastinaca, nova species.

Elle a 5 pieds de haut & croît dans un sol marécageux.

Apocynum androsæmifolium.

Elle a environ 3 pieds de haut; ses fleurs sont plus belles que celles de toutes les autres espèces d'apocyns; elle fleurit en Août, aime un sol riche & léger avec l'ombre, & doit être envoyé en plant.

Apocynum cannabinum.

Elle a depuis 1 jusqu'à 3 pieds de haut ; ses fleurs sont jolies ; elle croît sur toutes sortes de sols, & fleurit en Juin & Juillet.

Apocynum majus.

Elle a environ 5 pieds de haut, de belles fleurs ; croît dans un sol sablonneux & fleurit en Juillet.

Aquilegia Canadensis.

C'est une très-élégante plante à fleur ; elle a environ 1 pied de haut ; croît dans les fentes des rochers, & vient sur toutes sortes de sols ; elle fleurit en Mai, Juin & Juillet.

Aralia herbacea.

Elle a 6 pieds de haut, est médicinale, croît dans un sol riche & léger.

Arum majus.

Elle a environ 1 pied de haut, est médicinale, fleurit en Mai & aime un sol riche & humide.

Arum dracontium.

Elle a environ 1 pied de haut, fleurit en Avril, est médicinale, croît dans un sol riche & humide parmi des roches.

Arum Virginicum.

Les feuilles de cette plante sont fort grandes ; elle est médicinale, fleurit en Avril ; elle est curieuse & croît dans un sol riche & humide.

Asarum Canadense.

Elle fleurit en Mai ; ses fleurs sont curieuses ; elle croît dans un sol léger, & elle est médicinale.

Asarum Virginicum.

C'est une belle plante ; ses feuilles sont d'une odeur agréable ; elle croît dans un sol riche & léger, & elle est toujours verte.

Asclepias flore rubro.

Elle a environ 2 pieds de haut & de belles fleurs ; elle fleurit en Juillet, aime un sol riche & léger & l'ombre.

Asclepias foliis villosis.

Elle a environ 2 pieds de haut de très-belles fleurs, des qualités médicinales ; elle croît dans un sol sablonneux & stérile, fleurit en Juillet & doit être envoyé en plant.

Asclepias incarnata.

Elle a environ 2 pieds de haut, de belles fleurs, croît dans un sol sablonneux & humide, & fleurit en Août.

Asplenium rhizophyllum.

C'est une plante curieuse ; elle croît dans des fentes & sur le sommet des rochers ; elle est toujours verte & doit être envoyée en plant. Ce qui m'a engagé à comprendre dans le catalogue cette plante, c'est qu'elle peut être recherchée par des curieux.

Aster aculeatus.

C'est une belle plante ; elle a deux pieds de haut, fleurit en Septembre, croît dans un sol sablonneux & stérile, & doit être envoyée en plant.

Aster aquaticus, major, nova species.

Elle a 8 pieds de haut ; c'est une belle plante quand

elle est en fleurs, ce qui arrive en Septembre ; elle croît sur un sol riche & humide.

Aster corymbosus.

Cette plante a 1 pied de haut, est jolie en fleurs ; fleurit en Août, vient sur un sol stérile & graveleux.

Aster cordatis foliis.

Elle a de belles fleurs, 4 pieds de haut environ ; fleurit en Septembre, aime un sol riche & léger & l'ombre.

Aster cordatis foliis, nova species.

Elle est très-belle quand elle est en fleurs ; elle croît dans un sol stérile & sablonneux & fleurit en Septembre.

Aster foliis hersutis, nova species.

Elle a environ 3 pieds de haut, fleurit en Septembre, croît sur toutes sortes de sols, pourvu qu'il soit riche.

Aster grandiflorus.

Elle a 5 pieds de haut ; ses fleurs sont belles, croît dans un sol riche & léger & dans l'ombre.

Calceolus acuminatus.

Elle a environ 1 pied de haut, fleurit en Mai ; elle est curieuse & ses fleurs sont jaunes ; elle aime un sol riche & léger ; elle doit être envoyée en plant.

Calceolus latifolius.

Elle a environ 5 pouces de haut, fleurit en Mai ; ses fleurs sont curieuses & rouges, elle aime un sol sablonneux & l'ombre ; elle doit être envoyée en plant.

Capraria cordato folio.

Elle a 8 pieds de haut, monte autour des arbustes, croît dans un sol riche & humide.

Carum Americanum.

Elle a 3 pieds de haut & croît dans un sol léger.

Carum aquaticum.

Plante curieuse & médicinale, qui croît à environ 2 pieds de haut dans un sol riche & humide.

Cassia chamœcrista.

Elle a environ 4 pieds de haut; ses fleurs sont curieuses, mais ses feuilles ont une odeur désagréable; elle fleurit en Août & aime un sol sablonneux.

Cassia procumbens.

Elle a de belles fleurs, fleurit en Juillet & Août; elle paroît éprouver une vive sensation quand on la touche; elle croît dans un sol riche & humide.

Cassia stricta.

Elle est annuelle, a environ 7 pouces de haut; c'est une jolie plante; elle fleurit en Juillet & aime un sol léger.

Clematis virginica.

Elle a une jolie fleur, monte autour des buissons à la hauteur de 6 pieds, fleurit en Août, aime un sol riche & léger.

Convallaria major.

C'est une superbe plante; elle a 5 pieds de haut, croît dans un sol humide & sablonneux, fleurit en Juin & doit être envoyée en plant.

Convalloria raumosa.

Elle a environ 2 pieds de haut; elle a de fort belles fleurs, aime un sol riche & léger, & l'ombre, & fleurit en Mai.

Coreopsis latifolia.

Elle a environ 3 pieds de haut; elle est belle; fleurit pendant 3 mois & croît sur toutes sortes de sols.

Cypripedium Americanum.

Elle a 5 pieds de haut, des fleurs curieuses, fleurit en Aout; elle est annuelle, aime un sol riche & humide.

Digitalis Americana, nova species.

Elle a environ 5 pieds de haut, de grandes & belles fleurs jaunes; elle fleurit en Août, aime un sol graveleux & l'ombre.

Digitalis flore rubro, nova species.

Elle a environ 1 pied de haut; c'est une des plus belles plantes à fleur de l'Amérique.

Digitalis lyrata, nova species.

C'est une délicieuse plante à fleurs; elle est annuelle, croît dans un sol stérile, & fleurit en Septembre.

Dionæa muscipula.

Cette plante curieuse m'a été d'abord connue par le compte que m'en rendirent quelques-uns de mes amis en 1763 : quelques années après, ayant été envoyé par Sa Majesté Britannique en Amérique, pour y rassembler des plantes nouvelles & curieuses, je trouvai celle-ci en grande abondance dans la Caroline du Nord & dans quelques parties de celles du Sud ; d'où j'en apportai plusieurs à mon retour en Europe ; elles crurent dans mon jardin près d'Illsworth, & fleurissent avec leur vertu sensitive. Ce fut d'après ces plantes, que M. Ellis de la société de Londres, fit dessiner la Mussipala, & en donna une description en 1780. Les semences de cette plante exigent un traitement particulier. Il faut la semer dans un pot dont la terre soit composé de mousse de marais, coupée en brins d'environ 1 pouce de long, & bien mêlée avec une terre riche & sablonneuse. Il faut laisser au haut du pot 1 pouce de profondeur, qui soit rempli en entier d'un sable riche dans lequel on met les semences, & mettre le pot dans une terrine tenue toujours pleine d'eau. On la doit semer en Mai, mettre le pot à l'ombre, & ne point la troubler pendant plusieurs années, car les graines ne montent point la premiere année. Il faut avoir soin de la purger de mauvaises herbes, ce pot doit être placé en hiver dans une serre : c'est par cette méthode que je suis parvenu à en élever plusieurs plants ; mais la meilleure maniere de s'en procurer en Europe, est de se les faire envoyer en plant. La grande dépense qu'il faut faire pour s'en procurer, est hors de mon pouvoir.

Erigeron Philadelphium.

Cette plante a de belles fleurs, elle croît sur un sol stérile d'un à deux pieds ; elle est en fleurs en Septembre.

An Evonymus ? planta nova.

Cette plante a 3 pieds ; je ne l'ai jamais vu en fleur, quoique semé de bonne heure ; elle croît dans un sol pierreux.

Eupatorium fiore albo.

Elle a deux pieds de haut, c'est une belle plante, elle fleurit en Septembre, aime un sol léger & l'ombre.

Eupatorium Virginicum.

C'eſt une jolie plante à fleur ; elle fleurit en Septembre & croît ſur un ſol léger.

Euphorbia lincaribus foliis, nova ſpecies.

C'eſt une jolie plante ; elle croît à environ 2 pieds dans un ſol léger & fleurit en Juin.

Geranium virginianum.

Elle a environ 1 pied de haut, a de jolies fleurs & croît ſur toutes ſortes de terreins.

Gentiana amminata, nova ſpecies.

Elle croît dans un ſol humide, a des jolies fleurs, fleurit en Octobre & doit être envoyée en plant.

Gentiana alba, nova ſpecies.

Cette plante a environ 1 pied de haut, ſes racines ſont longues & épaiſſes ; c'eſt un excellent amer, il croît dans un ſol léger, doit être envoyé en plant & fleurit en Septembre.

Gentiana imperialis. (Lée.)

Elle a 2 pieds de haut ; ſes fleurs ſont belles ; elle vient dans un ſol humide & argilleux, fleurit en Octobre ; elle eſt médicinale & doit être envoyée en plant.

Gramen Americanum.

Cette herbe vient fort haute ſur un ſol léger ; elle donne une belle pâture pour le bétail ; elle eſt annuelle.

Gramen canarinum.

Ce fourage peut être cultivé avec avantage, donne du bon foin, croît dans un ſol ſablonneux, & il eſt annuel.

Gramen lancolatis foliis, majus, nova ſpecies.

Cette herbe, qui peut devenir d'un uſage univerſel, donne du bon fourage & croît dans un ſol ſtérile; elle peut être cultivée dans des terres incultes en Europe; elle eſt vivace.

Gramen lycarum.

Ce fourrage peut être cultivé avec avantage dans un ſol ſablonneux, mais il eſt annuel.

Gramen medium, nova ſpecies.

Cette herbe donne un fort bon foin; elle croît dans un ſol ſtérile, eſt vivace; cette eſpèce & le lancolatis foliis ſont deux eſpèces d'herbes qui peuvent être avantageuſes pour convertir les terres les plus ſtériles en prairies.

Helianthus latifolius, nova ſpecies.

Elle a environ 8 pieds de haut, des fleurs curieuſes; elle fleurit en Août & aime un ſol riche.

Helianthus multiflorus, nova ſpecies.

Elle a environ 5 pieds de haut, fleurit en Août, & croît dans un ſol riche & humide.

Helianthus vulgaris, nova ſpecies.

Elle a environ 8 pieds de haut & beaucoup de fleurs; elle fleurit en Septembre & croît ſur toutes ſortes de ſols.

Helonias aſphodeloides.

C'eſt une plante curieuſe, elle a deux pieds de haut, fleurit en Juillet, aime un ſol ſablonneux, & doit être envoyée en plant.

Helonias bullata.

Elle a environ 2 pieds de haut ; ſa fleur eſt très-belle ; elle fleurit en Mai, aime un ſol humide & doit être envoyée en plant.

Helonias marylandica.

Cette plante eſt curieuſe en Botanique ; elle a 2 pieds de haut, fleurit en Juillet, aime un ſol argilleux & humide, & doit être envoyée en plant.

Helxine cordata, nova ſpecies.

Cette plante grimpante eſt longue de 12 pieds ; monte autour des arbuſtes ou rampe ſur la terre ; elle peut être cultivée avec avantage en conſidération de ſes graines, qui ſont utiles aux hommes & au bétail ; elle eſt vivace & croît ſur toutes ſortes de ſols.

Hieracium latifolium.

Elle croît à 2 pieds de haut ſur un ſol argilleux.

Hordeum, nova ſpecies.

Elle a environ 2 pieds de haut c'eſt le ſeul orge connu qui ſoit vivace ; je ne doute pas qu'il ne puiſſe gagner beaucoup par la culture & devenir d'un grand uſage ; on le trouve parmi des rochers & des pierres, dans quelques parties des montagnes du Nord en Virginie.

Hydraſtis canadenſis.

Elle a environ 1 pied de haut ; ſes racines ſont d'une belle couleur jaune ; elle croît dans un ſol riche & léger, & doit être envoyée en plant.

Hypoxis erecta.

C'eſt une belle petite plante ; elle a environ 5 pouces de haut, fleurit en Juillet & Août, croît ſur un ſol argilleux & humide, & doit être envoyée en plant.

Lilium canadenſe.

Il a 4 pieds de haut, de belles fleurs, fleurit en Juin & Juillet, croît dans un ſol humide & ſablonneux, doit être envoyé en plant.

Lilium grandiferum.

C'eſt une plante à fleurs charmantes; elle a 10 pieds de haut; elle eſt beaucoup plus belle que le *Lilium ſuperbum*; elle croît dans un ſol léger & fleurit en Juin & Juillet.

Lilium ſuperbum.

Elle a 10 pieds de haut, fleurit en Juillet & Août; elle eſt très-belle; elle a ſouvent 30 fleurs ſur une tige; croît dans un ſol riche & humide, & doit être envoyée en plant.

Lilium vulgare.

Il a environ 1 pied de haut, de belles fleurs; fleurit en Mai, croît ſur un ſol ſtérile.

Linum Virginianum.

Elle a environ 2 pieds de haut, & je penſe qu'elle peut être cultivée avec avantage en Amérique & en Europe.

Lobelia cardinalis.

Elle a environ 2 pieds de haut, fleurit en Août; c'eſt une belle plante à fleurs; elle croît dans un ſol riche & humide; elle doit être envoyée en plant.

Lobelia kalmia.

Elle a environ 2 pieds de haut, fleurit en Août & Septembre; on dit qu'elle poſſede beaucoup de qualités médicinales; elle doit être envoyée en plant.

Lobelia lincaribus foliis.

Elle a environ 2 pieds de haut, de jolies fleurs; croît sur un sol léger à l'ombre; c'est une plante annuelle.

Lobelia nudo flore, nova species.

Elle croît sur toutes sortes de sols, est annuelle, fleurit en Septembre, & a environ 6 pieds de haut.

Lupinus hirsutus.

C'est une belle plante à fleurs; elle fleurit en Juin, aime un sol léger & stérile, croît à un pied de haut, & doit être envoyée en plant.

Lupinus Virginicus.

C'est une belle plante à fleurs; elle a environ un pied de haut, fleurit en Avril & Mai, & aime un sol sablonneux.

Lycopodium acerosum, nova species.

Elle a environ 4 pouces de haut; elle vient dans les lieux humides & à l'ombre; c'est une plante fort belle & toujours verte.

Lycopodium complanatum.

Elle vient quelquefois à dix pieds de hauteur; c'est une plante élégante & toujours verte; elle croît dans un sol humide, stérile & argilleux, & doit être envoyée en plant.

Lycopodium obscurum.

Elle vient dans un sol graveleux & à l'ombre; elle a environ six pouces de haut; elle est très-belle, toujours verte, & doit être envoyée en plant.

Medeola Virginica.

Elle a environ un pied de haut, fleurit en Juin;

c'est une plante curieuse ; elle aime un sol riche & humide, & doit être envoyée en plant.

Mentha hirsuta.

Elle a environ un pied de haut, fleurit en Juillet, & croît dans un sol léger.

Mentha lanceolatis foliis, flore corymboso.

Elle a 3 pieds de haut, ses feuilles ont une odeur agréable ; elle fleurit en Juin, Juillet & Août ; elle est médicinale, & croît sur un terrein stérile.

Mentha Marylandica.

Elle a environ deux pieds de haut, est médicinale, & croît dans un sol léger.

Mitchella repens.

C'est une plante botanique curieuse ; ses fruits sont d'une belle couleur rouge ; elle fleurit en Juin, croît dans un sol humide & stérile, & doit être envoyée en plant.

Nolinia.

C'est un nouveau genre de plante, que j'appellerai *Nolinia*, en l'honneur de M. l'Abbé Nolin. Elle croît à environ 10 pieds de haut, dans la forme d'une vigne, monte autour des arbres & des arbustes, a des fleurs mâles & femelles sur des plantes séparées, aime un sol riche & humide, & doit être envoyée en plant.

Ocymum Americanum.

Elle exhale une odeur agréable, a de jolies fleurs, croît à environ un pied de haut, aime un sol léger & sablonneux, & est annuelle.

Orchis acuminata, nova species.

Elle a environ quatre pouces de haut, de jolies

fleurs, & fleurit en Juillet ; elle croît dans des fondrieres, & doit être envoyée en plant.

Orchis foliis lanceolatis, nova ſpecies.

Elle a environ un pied de haut ; ſes fleurs ſont belles & fleuriſſent en Août ; elle croît dans un ſol marécageux, & doit être envoyée en plant.

Orchis latifolia minor, nova ſpecies.

C'eſt une plante curieuſe ; elle a environ 4 pouces de haut, fleurit en Août, aime un ſol léger & l'ombre, & doit être envoyée en plant.

Orchis ſpicata, nova ſpecies.

Ses fleurs ſont belles & curieuſes ; elle fleurit en Août, & doit être envoyée en plant.

Origanum Virginianum.

Elle a environ 1 pied de haut, eſt médicinale, croît dans un ſol ſtérile & pierreux & doit être envoyée en plant.

Oſmunda cinnamomea.

Elle a environ 2 pieds de haut ; elle croît dans un ſol humide & argilleux, & doit être envoyée en plant.

Oſmunda Virginiana.

Elle a environ 1 pied de haut ; croît dans un ſol ferme & doit être envoyée en plant.

Panax quinque folium.

Cette plante a environ 1 pied de haut ; ſa racine eſt en grande réputation pour ſes qualités médicinales ; elle aime un ſol riche & léger, & fleurit en Juin.

Phytolacea decandra.

Cette plante a 10 pieds de haut ; elle croît dans

un ſol riche & humide ; ſes fruits donnent une belle teinture rouge. Les jeunes pouſſées ſont bonnes à manger, mais il faut que la plante ait au moins 3 ans pour que les racines jettent de nouvelles pouſſés ; beaucoup de gens en Amérique la préfèrent aux aſperges ; mais, lorſqu'elle eſt vieille, elle a une qualité dangereuſe ; les racines de cette plante ſervent dans la cure des chancres obſtinés, au moins les Indiens en font uſage dans cette maladie.

Podophyllon peltatum.

Elle a environ 1 pied de haut, de belles fleurs, un fruit agréable à manger ; elle aime un ſol riche & humide avec de l'ombre ; elle fleurit en Mai.

Polypodium aquaticum, nova ſpecies.

Elle a environ 3 pieds & n'eſt pas toujours verte, mais dans l'été elle a une fort belle apparence ; elle doit être envoyée en plant.

Polypodium majus.

Elle a environ 6 pieds de haut ; elle eſt la plus grande de toutes les eſpèces dans l'Amérique Septentrionale ; je n'ai jamais vu ſa fructification ; elle croît dans un ſol riche & humide, & doit être envoyée en plant.

Polypodium virginicum.

Cette petite plante a environ 5 pouces de haut ; elle eſt toujours verte, croît dans un ſol riche ſur le ſommet des rocs ; elle doit être envoyée en plant.

Polypodium vulgare.

C'eſt une belle fougere toujours verte ; elle croît dans un ſol pierreux à la hauteur de 2 pieds ; elle doit être envoyée en plant.

Pontederia cordato folio.

C'eſt une belle plante à fleurs ; elle a environ 3 pieds de haut, fleurit en Juillet & Août, croît dans un terrein riche & bien arroſé, & doit être envoyée en plant.

Prenanthes altiſſima.

Elle a environ 4 pieds de haut, fleurit en Octobre, aime un ſol argilleux.

Pulmonaria canadenſis.

Elle a environ 2 pieds de haut, de belles fleurs ; elle fleurit en Avril, aime un ſol riche & ſablonneux, & doit être envoyée en plant.

Pyrola maculata.

Elle a environ 4 pouces de haut, eſt toujours verte, fleurit en Juillet, ſes fleurs ſont belles & d'une odeur agréable ; elle croît dans un ſol riche & léger & à l'ombre ; elle eſt trop lente à venir de graine, & doit être envoyée en plant.

Pyrola umbellata.

Elle a environ 5 pouces de haut ; ſes fleurs ſont ſouvent d'une couleur de pourpre pâle ; c'eſt une plante vivace toujours verte ; elle aime un ſol graveleux & l'ombre ; elle doit être envoyée en plant.

Rhexia minor.

C'eſt une belle petite plante à fleurs ; elle a environ 7 pouces, fleurit en Août, aime un ſol humide & argilleux, & doit être envoyée en plant.

Rhimanthus Virginicus.

Elle a environ 4 pieds de haut, n'a qu'une fleur, eſt médicinale, croît ſur un ſol riche & léger, & doit être envoyée en plant.

Rapuntium non ſpinoſum.

C'eſt une plante ſucculente ; elle a de belles fleurs, croît dans un ſol ſablonneux, fleurit en Août.

Rubia americana.

Elle a environ 1 pied de haut, ſert dans la teinture du rouge ; c'eſt elle dont les Indiens d'Amérique font cette couleur rouge, dont ils peignent leurs cheveux & qui ne paſſe jamais ; elle croît dans un ſol ſtérile ; ſes racines & la partie qu'on emploie dans la teinture ſont vivaces.

Rudbeckia hirta.

Elle a environ 2 pieds de haut, de belles fleurs ; elle fleurit en Septembre, aime un ſol argilleux & humide.

Sanguinaria canadenſis.

Elle a environ 5 pouces de haut, fleurit en Avril ; c'eſt une belle plante ; elle aime un ſol riche & léger & l'ombre ; & doit être envoyée en plant.

Sarracenia purpurea.

C'eſt une plante très-étonnante ; elle fleurit en Juin ; croît dans un ſol marécageux ; les tiges de ſes fleurs ont environ 1 pied de haut ; les feuilles ſont creuſes de la figure d'une burette, dont le pied repoſe ſur la terre, & elles ſont ordinairement remplies d'eau ; elle doit être envoyée en plant.

Sedum procumbens.

Elle eſt fort épanouie, fleurit en Avril, croît ſur un terrein humide & ſablonneux, & doit être envoyée en plant.

Serratula præalta.

Elle a environ 5 pieds de haut ; eſt belle quand

elle eſt en fleurs ; aime un ſol piche & léger, & fleurit en Juin.

Sideritis acuminata.

Elle a environ 3 pieds de haut ; fleurit en Août ; aime un ſol riche & humide.

Sideritis major.

C'eſt une plante majeſtueuſe de 10 pieds de haut, qui a une belle apparence quand elle eſt en fleurs, ce qui arrive en Septembre ; elle aime à croître dans un ſol riche & léger.

Solidago nudo flore ?

Elle a environ 1 pied de haut, de belles fleurs ; elle eſt médicinale, fleurit en Septembre ; croît ſur un ſol ſtérile.

Solidago dulcis.

Elle a 3 pieds de haut, ſes feuilles ont une odeur agréable, ſes fleurs ſont jaunes ; elle fleurit en Septembre ; elle aime un ſol ſablonneux.

Solidago flore albo, nova ſpecies.

Elle a environ 2 pieds de haut, ſes fleurs ſont blanches & jolies ; elle eſt en grande réputation parmi les Sauvages, pour ſes vertus médicinales ; elle fleurit en Septembre, croît dans un ſol léger & à l'ombre.

Solidago flore alternato.

Elle croît à la hauteur de 3 pieds ; elle eſt belle quand elle eſt en fleurs, eſt médicinale ; elle croît dans un ſol léger & ſitué à l'ombre, & fleurit en Septembre.

Solidago marina.

C'eſt une plante majeſtueuſe ; elle a 8 pieds ; ſes fleurs ſont belles ; elle aime un ſol riche & ſablonneux, & fleurit en Septembre.

Solidago pratenſis, major.

Elle a 1 pied de haut, de belles fleurs; ſa tige eſt d'une belle couleur rouge; elle fleurit en Août.

Solidago ſerratifolia.

Elle a environ 5 pieds de haut, fleurit en Septembre; c'eſt une jolie plante.

Symphytum Americanum, nova ſpecies.

Elle a 3 pieds de haut, aime un ſol riche & léger, & l'ombre; elle eſt médicinale.

Symphytum minus, nova ſpecies.

Elle a environ 9 pouces de haut, fleurit en Mai, eſt belle & croît dans un ſol léger.

Trioſteum floribus verticillatis.

Elle a 2 pieds de haut, eſt médicinale; elle aime un ſol léger.

Veronica Virginica.

Elle a environ 5 pieds de haut, eſt médicinale & en grande eſtime parmi les Indiens pour la guériſon des flux de ſang; elle croît dans un ſol riche & doit être envoyée en plant.

Vicia hirſuta.

Elle eſt vivace; a 4 pieds de haut; vient dans un ſol humide & riche; a de belles fleurs & fleurit en Août.

Vicia marylandica.

Elle a 5 pieds de haut; croît dans un ſol ſtérile & elle eſt annuelle.

Vicia ſtricta, nova ſpecies.

Elle a 4 pieds de haut, fleurit en Août & Septembre ; elle eſt belle & aime un ſol graveleux.

Vicia trifoliata, nova ſpecies.

Elle s'élève à 10 pieds de haut, monte autour des arbuſtes, & peut être cultivée avec quelqu'avantage pour la nourriture du bétail ; elle croît dans un ſol léger & elle eſt vivace.

Viola cordato folio, nova ſpecies.

Elle a environ 6 pouces de haut ; elle fleurit en Mai ; croît dans un ſol riche & léger, & à l'ombre.

Viola foliis palmatis.

C'eſt une belle petite plante qui a environ 4 pouces de haut ; elle fleurit en Mai ; elle croît dans un ſol léger & ſtérile, & doit envoyée en plant.

Yucca filamentoſa.

C'eſt une plante curieuſe ; ſes filaments ſervent à faire des cordes qui ſont étonnamment fortes ; elle a de belles fleurs & fleurit en Juillet & Août dans un ſol léger & ſablonneux.

Liste des Arbres, Arbrisseaux & Plantes qu'on ne peut se procurer que par des voyages dispendieux dans le continent de l'Amérique, & que M. Yong n'a point encore élévés en assez grand nombre pour les envoyer en Europe.

ARBRES ET ARBUSTES.

Amorpha fructicosa, qui habite en Caroline.

Cet arbuste a environ 6 pieds de haut, de jolies fleurs, & croît dans un sol léger & humide.

Andromeda arborea, qui habite en Caroline.

Cet arbre est haut de 40 pieds; il est très-beau & croît dans un sol léger.

Andromeda latifolia foliis alternis, qui habite en Caroline.

C'est un arbuste élégant, toujours vert; il a environ 5 pieds de haut; ses fleurs sont couleur de pourpre & d'une odeur agréable.

Annona grabra, qui habite en Caroline.

Cet arbre a environ 20 pieds de haut; son écorce est dure, & peut être manufacturée en fortes cordes; il croît dans un sol riche & humide.

Annona muricata, qui habite en Virginie.

Cet arbre a environ 25 pieds de haut; son écorce est fort dure & son fruit bon à manger; il croît dans un sol riche & léger.

Annona triloba, qui habite en Caroline.

Cet arbre a environ 20 pieds de haut ; ſon écorce eſt dure, on en fait des cordes ; il croît dans un ſol riche & humide, & ſon fruit eſt bon à manger.

Bignonia foliis ſimplicibus, qui habite en Caroline.

Cette plante eſt la gloire de la Caroline ; elle parfume les bois de l'odeur la plus délicieuſe ; *& pour une ame romaneſque*, elle change les déſerts les plus ſauvages en paradis ; elle fleurit en Avril & Mai, croît dans un ſol riche, léger & humide, à la hauteur de 20 pieds ; elle monte autour des arbres & des arbriſſeaux.

Calycanthus lancolatus, qui habite en Caroline.

Cet arbuſte a environ 6 pieds de haut ; il aime un ſol riche & léger.

Calycanthus latifolius, qui habite en Caroline.

Cet arbuſte a environ 4 pieds de haut, eſt en fleurs une grande partie de l'été ; il a une odeur très-agréable, eſt très-beau & croît dans un ſol léger.

Caſſine foliis lancolatis, alternis, qui habite en Caroline.

Cet arbuſte a environ 10 pieds de haut, croît dans un terrein ſablonneux ; il eſt toujours vert & on en fait un thé fort ſain.

Caſſine d'ahoon, qui habite en Caroline.

Cet arbuſte a environ 15 pieds de haut ; il croît dans un ſol léger ; il eſt toujours verd & joli.

Cupreſſus diſticha, qui habite en Caroline & en Virginie.

Cet arbre croît à la hauteur de 70 à 80 pieds ; il

eſt d'une groſſeur étonnante ; cet arbre & le Liriodendrom ſont les plus grands arbres de toute l'Amérique, & je crois de tout le monde ; il croît dans un ſol riche & humide.

Æſculus Pavia, qui habite en Caroline.

Cet arbuſte a environ 12 pieds de haut, de belles fleurs, fleurit dans le mois de Mai & de Juin & croît dans un ſol léger.

Gordonia, Ellis hypericum, qui habite en Caroline.

C'eſt un très-bel arbre toujours vert ; il s'élève à 70 pieds de haut & croît dans un ſol riche & humide.

Gordonia pumila, deciduis foliis, qui habite en Floride.

Ce grand arbuſte a environ 20 pieds de haut ; il a été découvert par M. William Bartram ; je l'ai vu en fleurs le mois d'Août 1781 ; il avoit 4 pieds de haut.

Guilandina, Bonduc, qui habite en Canada.

Cet arbuſte a environ 30 pieds de haut & croît dans un ſol léger.

Illicium floridanum, qui habite en Floride.

Cet arbuſte a environ 15 pieds de haut ; il fleurit en Juillet dans la Floride ; il eſt toujours vert, ſes fleurs ont une odeur agréable ; il croit dans un ſol riche & humide.

Laurus Borbonia, qui habite en Caroline & en Virginie.

Cet arbuſte a environ 15 pieds de haut, croît dans un ſol riche & humide, & il eſt toujours vert.

Laurus indica, qui habite en Virginie.

C'eſt un laurier toujours vert ; il a environ 12 pieds de haut, & il aime un ſol riche & humide.

Laurus nobilis, qui habite en Caroline.

Cet arbuſte vient dans la Caroline à 15 pieds de haut ; il eſt beau, aime un ſol riche & léger.

Ledum latifolium, qui habite à la baye d'Hudſon.

Cet arbuſte a environ 2 pieds de haut ; il eſt toujours vert, fleurit en Juillet & croît dans un ſol riche & humide.

Ledum paluſtre, qui habite à la baye d'Hudſon.

C'eſt un bel arbuſte toujours vert ; il a environ 2 pieds de haut, croît dans un ſol marécageux, & fleurit en Août.

Magnolia acuminata, qui habite ſur les bords de la riviere.

Cet arbre a environ 60 pieds de haut ; il eſt très-gros & croît dans un ſol riche.

Magnolia grandiflora, qui habite en Caroline.

Cet arbre s'élève juſqu'à la hauteur de 60 pieds ; il eſt très-beau lorſqu'il eſt en fleurs, eſt toujours vert, ſes fleurs durent deux mois ; il aime un ſol riche, léger & humide.

Magnolia tripetala, qui habite en Caroline.

Cet Arbre a environ 2 pieds de haut ; il fleurit en Juillet, eſt beau & croît dans un ſol léger.

Mimoſa Carolinenſis.

C'eſt une plante qui rampe ſur la terre juſqu'à 6

pieds de diſtance de ſes racines; elle a une prompte ſenſation de toutes ſortes de touches, & elle croît ſur un ſol ſablonneux & ſtérile.

Myria quercifolia, qui habite en Caroline.

C'eſt un arbriſſeau d'une odeur agréable; il croît à environ 2 pieds de haut, dans un terrein ſablonneux & ſtérile.

Olea Americana, qui habite en Caroline.

Cette eſpèce d'olivier croît ſur un ſol riche & ſablonneux, juſqu'à la hauteur de 30 pieds; il eſt toujours vert.

Pinus paluſtris longifolia.

Cet arbre a environ 80 pieds de haut, croît vîte dans un ſol ſablonneux; on en fait de bons mâts pour des gros vaiſſeaux; c'eſt un bon bois de conſtruction utile, & les jeunes arbres ſont très-beaux.

Quercus Carolinienſis.

Cet arbre a environ 50 pieds de haut, & 2 pieds de diamètre; ſon bois eſt durable; il eſt toujours vert, & croît dans un ſol ſablonneux.

Stewartia malacodendron, qui habite en Caroline & en Virginie.

Cet arbre a environ 20 pieds de haut, fleurit en Juillet; il eſt très-beau & croît dans un ſol léger.

Styrax foliis ovatis, qui habite en Caroline.

Cet arbriſſeau a environ 15 pieds de haut, de belles fleurs, d'une odeur très-agréable, & croît dans un ſol riche & humide.

Yongsonia, qui habite en Caroline.

C'est un très-bel arbuste à fleurs, il a environ 2 pieds de haut ; il a été apporté à Londres dans l'année 1769, & ensuite envoyé au sieur Linnæus par le sieur Fothergill, & j'ai appris que le sieur Linnæus lui a donné le nom de Yongsonia ; il fleurit en Mai, & croît dans un sol riche & humide.

PLANTES HERBACÉES.

Anthericum ventricosum, nova species, qui habite en Caroline.

Cette plante a 4 pouces de haut, des fleurs curieuses ; elle est en fleurs une partie de l'été, c'est-à-dire, le matin de très-bonne heure ; car sa fleur ne peut pas supporter le soleil.

Asclepas purpurascens, qui habite en Caroline.

Elle a environ 3 pieds de haut, une superbe fleur, fleurit en Juillet & Août & croît dans un sol riche & léger.

Chironia latifolia, qui habite en Caroline.

Cette plante a environ 2 pieds de haut ; c'est une très-belle plante ; elle est en fleurs une grande partie de l'été, & croît dans un sol riche & humide.

Euphorbia, qui habite en Caroline.

Cette plante a environ 1 pied de haut ; les Indiens s'en servent pour opérer des guérisons surprenantes ; elle croît dans un terrein léger & stérile.

Sarracenia flava.

Cette plante a environ 18 pouces de haut; c'eſt une plante très-curieuſe; elle fleurit en Avril, & croît dans un ſol humide & ſablonneux.

Spigelia latifolia, qui habite en Caroline.

Elle a environ 1 pied de haut, de belles fleurs, des qualités médicinales, fleurit en Août & croît dans un ſol humide & léger.

Stilla Caroliniensis, nova ſpecies.

C'eſt une belle plante à fleurs; elle a environ 2 pieds de haut, fleurit en Août & croît dans un ſol ſtérile & humide.

Vinca lutea, qui habite en Caroline.

Cette plante fleurit en Juillet; elle eſt belle, & elle croît dans un ſol riche & léger.

www.ingramcontent.com/pod-product-compliance
Lightning Source LLC
LaVergne TN
LVHW011955160826
845678LV00002B/550

* 9 7 8 2 3 2 9 6 8 1 3 9 9 *